科学的校正および末尾ページの執筆：
タラ オセアン財団

著者は、タラ オセアン財団のチームに対し
本作品の制作中における彼らの献身と
専門的な見識に感謝の意を表します。

タラ オセアン財団は、極地の専門家である
クリスチャン・ド・マーリャーヴ氏による校正作業、そして
シルヴィ・デュブエさんとブリジット・サバールさんによる
的確なアドバイスに感謝の意を表します。

Le réchauffement climatique : Mission Tara en Arctique (Docs BD)
© Éditions Milan, France, 2021
Authors: Lucie Le Moine, Sylvain Dorange

This book is published in Japan by arrangement with
Éditions Milan S.A.S. through le Bureau des Copyrights Français, Tokyo.

この本を記憶する程読んでしまって、処分する予定ですって？　それなら、どこかに寄付をしてくださいね！

Le réchauffement climatique

北極で、なにが おきてるの？

気候変動をめぐるタラ号の科学探検

ルーシー・ルモワン 作

シルバン・ドランジュ 絵

パトゥイエ由美子／小澤友紀 訳

花伝社

舞台は現代、北極海。
私たちは科学探査のために、スクーナー船※タラ号に乗り込む。
船上では、研究者たちが地球温暖化が海洋に及ぼす影響について研究している。
地球温暖化が世界の海、ひいては全世界に及ぼす影響についてだ。

※帆船

7月初旬、ロシアの北端に位置するムルマンスク
タラ号のクルーとして新たに加わる新入りの3人が準備をしている。

ビリー、みんなと
仲良くね

同じ年頃の子たちと
交流するなんて、
久しぶりだもんね！

ヤニック、
フランス人
船長

オードリー、
アメリカ人
機関士

アイロ、
スカンジナビア人
氷河学者

アレクシス、
アメリカ人
気候学者

ノラ、
フランス人
科学ディレクター

ディミトリ、
ロシア人
海洋生物学者

ウィル、
イギリス人
副船長

ガブリエル、
ドイツ人
甲板長

ヤン、
フランス人
料理人

科学探査船タラ号へようこそ！
北極圏の探査プロジェクトに
参加してくれてありがとう

ビリーが船内を
案内するわ！
一緒についてきて

ここはムーサとバディムのキャビン

いいね！

ここが私とジョセフィン

LABORATOIRE

私のボンク※が上の段だけどいい？

パーフェクト！

向こうにはラボ、シャワールーム、機関室、倉庫と他のキャビンがあるよ

よく知ってるね！

うん…この船は私の家ってかんじ。私の2人のお母さん、ノラとヤンが探査に行くときは、いつもついて行くんだ

※船室の中のベッドのことをボンクという

10

やっと新しい仲間が来てくれた！
船を徹底的に掃除するのに
人手が必要だったのよね

さっ、準備はいい？

ちがうよ！

この3人は、気候変動について学び、
タラ号での研究結果を
発信するために来たんだよ

私たちは探査をすることは
得意だけど、その成果を伝えることには
苦労しているんだ

でも世界中の人に
知ってもらわないといけない！

娘のビリーがあなたたちを
招待するっていう素晴らしい
アイデアを思いついたの

大人の私たちより
ずっと多くの人を
この冒険に
巻き込んで
くれるはずって

さ、おしゃべりはおしまい、
出航の時間よ。
みんな、デッキに集合！

到着！

ご覧の通り、天気は良く、暖かいです。すぐに手袋を出さないといけないと思っていたのに、びっくりです！

ノラ、北極でこの暑さは普通なの？

えー

いい質問だね

うん

いや、普通ではないんだ。…例年よりだいぶ上回っていて…

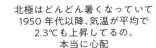

北極はどんどん暑くなっていて1950年代以降、気温が平均で2.3℃も上昇してるの。本当に心配

でも私たちはさらに北上するから気温は下がると思うよ。ダウンジャケットは持ってる？

これが今回の航路

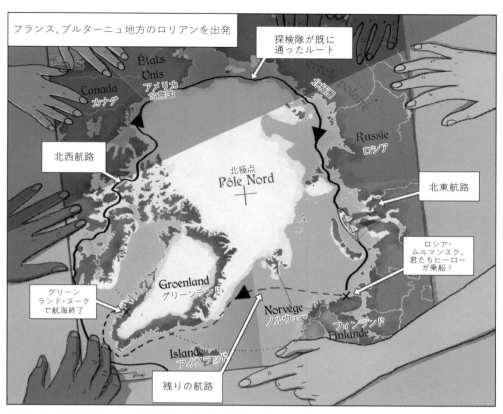

フランス、ブルターニュ地方のロリアンを出発

探検隊が既に通ったルート

Canada
カナダ

États Unis
アメリカ合衆国

cercle polaire
北極圏

Russie
ロシア

北西航路

北極点
Pôle Nord
+

北東航路

Groenland
グリーンランド

ロシア・ムルマンスク、君たちヒーローが乗船！

グリーンランド・ヌークで航海終了

Norvège
ノルウェー

フィンランド
Finlande

Islande
アイスランド

残りの航路

地球温暖化対策を何もしなければ、数十年以内には夏に海氷がほとんどなくなってしまうと言われてるんだ

ひどいことだよね

そんなのやだよ！

地球温暖化について

太陽の光は1億5千万kmもの
距離をかけて地球に到達。
太陽の光は地球の地面と海を熱する。

太陽の熱の
一部は宇宙に
反射される。

また一部は大気
（私たちを取り囲む空気）に取り込まれる。
温室効果ガス、
特に二酸化炭素（CO_2）である。

北極と南極では海氷や
氷河の白い表面が太陽の光
を反射させ大気を
温めることなく
宇宙空間に跳ね返す。
しかし、気候変動によって
海氷や氷河がとけると、
太陽エネルギーが
反射しにくくなり、熱は
地球に吸収され、気温は
上昇する。

温室効果ガスは大気中に
自然に存在するものである。
その役割は 太陽の熱の一部を
保持すること。温室効果ガスが
全くなければ、地球は約 -18℃と、
とても寒くなるのだ。

しかし、人間がこの自然のメカニズムを
狂わせてしまった。
工場、自動車、畜産などによって
大気中に温室効果ガスを排出しすぎた
結果、大気はより多くの熱を
保持するようになってしまった。
気温は上昇し、気候は制御不能に
なりつつある。

地球温暖化は氷河の融解を引き起こしている。それにより、かつて固体だった淡水が大量に海洋に流れ込むと海洋生態系を変化させる可能性がある。

異常気象は世界中で増加している。ハリケーン、暴風雨、洪水、干ばつ、山火事…。

地球温暖化がもたらすもの

地球温暖化は、何百万人もの人々の生活に現実的な影響を及ぼしている。土地を耕すことができなくなったり、島が消滅の危機にさらされたり、ハリケーンで頻繁に破壊されたりすれば、人々は移住を余儀なくされる。このような人達を気候難民という。

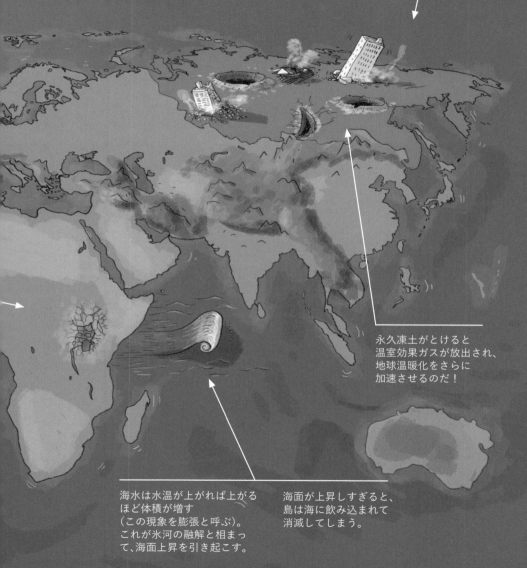

シベリアでは、通常は永久凍土である地面が溶けて不安定になっている。その上に建てられた建物はヒビが入ったり、倒壊したりする。時には地面が崩れ、クレーターができることもある。

永久凍土がとけると温室効果ガスが放出され、地球温暖化をさらに加速させるのだ！

海水は水温が上がれば上がるほど体積が増す（この現象を膨張と呼ぶ）。これが氷河の融解と相まって、海面上昇を引き起こす。

海面が上昇しすぎると、島は海に飲み込まれて消滅してしまう。

翌日の朝食の時間

気候変動デモが
また活発になってる！

ジョセフィンの
この冒険の記事も
出てるよ！

すごい！

若者がたくさん
週１回学校をストライキして
デモに参加してるって

集会には、世界中から
子どもたちが何十万人も
集まってるって！
私たちの声は必ず届くね！

大臣や国会議員を
招いた会合もあるみたい！
地球を守る法律を
つくる権限がある人達だよね

じゃあ希望は
まだあるよね

港で荷物を
受け取ったのは
ウィルと私なんだが
船の備品も一緒に
受け取ったんだよな?

そう、防寒着の
段ボール箱を積んだ
コンテナは中国からの
ものだったね

急いでたから
確認不足だった

パーティーグッズを
間違えて積んで
しまったようだ

本当に
すまない…

でもね、北極の氷がとけることで
儲かる人がいるっていう
証拠を今見れたとも言える

ヨーロッパで買う
商品の多くは
中国製なんだ

とてつもない量が
コンテナで輸送されて、
巨大な船に積まれる。
ムルマンスクの港で
たくさん見たよね

翌日、約束の時間

防寒着を奪われ、北極圏の
ど真ん中で遭難した
我々ヒーロー達は、
ジャガイモの皮をむいて
生計を立てることになった

ジャガイモの皮むきで、どうやって
地球温暖化と戦えるんだろう

注目！今日の
ご飯はベジタリ
アンよ！

お肉の消費を減らす
ことって、家畜の飼育で
出る温室効果ガスも
少なくできるの。

気温の上昇を
おさえて地球温暖化を
抑えることが
できるのよ！

船の上では、食料、水、
エネルギー、いろんな資源が
とっても大切です

限られた資源を節約することで
環境への影響も
最小限におさえられるんです

そんな訳で、しばらく
お風呂にも入って
いません

そう、3分間の
シャワーだけ！

もうりっぱな
タラ号特派員だね！

やる気をそぐような事は言いたくないんだけど、
一番地球を汚しているのは、個人じゃなくて、
工場とか、物を生産する企業なんじゃない？
企業がまずは変わるべきよ

でも、小さな行動も大切だよ。
節水やゴミの分別も
みんなが少しずつやれば、
大きなインパクトになるはず！

でもそれだけじゃ
私の島が海に沈む
のを食い止め
られないよ

両方できるさ！
車じゃなくて自転車で移動するとか、
地産地消をするとか…
毎日の習慣を少し変えることで、
日常で生み出す汚染を減らすことはできるんじゃないかな。
あとは大きな汚染者に圧力をかけるために
デモをすることだってできる！

何をするのが
自分にとってベストかは、
ひとりひとりが
決めればいいよね

みんな！
防寒着が
手に入ったよ！

タラ号は、気前のいいタラ※漁の漁師たちとすれ違ったのだ

※魚のタラは、冷水性で冷たい水を好む。

ぼくの両親はシベリアの
製油所で働いてるんです

石油が汚染の原因ってことは
知ってるし、海で石油が
流出することもある。
でも、石油のおかげで僕たち家族は
生活ができてるんです。
近所の人もたくさん

気候変動との闘いは簡単じゃないよね。
私たちのライフスタイルを根本的に
変える必要がある。移動の仕方から、
消費行動、生産方法も…

経済全体だね！

でも、何かを変えるために
戦って、違う道を歩む
ことはできる！

そうだ！

数日後、ついに待望の瞬間が訪れた。

科学者たちは地球温暖化の影響を
よりよく理解しようと大気や
海氷、海洋の様々な測定を行う。

放射計は、アルベド効果、すなわち
海氷が光を反射する能力を測定する
ために使用する。

手伝ってくれて
ありがとう！

CTD プローブは深さ 4000m まで降下する
ことができ、さまざまな水深で、海水の塩分、
水温、圧力（深度）を計測する観測装置。

この装置は気象マスト。
風や、温度、気圧、湿度を
測定する。

絶対に急に動いたり、逃げたりするんじゃないぞ。動くとホッキョクグマは獲物だと勘違いするから

なるべく銃は使いたくない

大丈夫、私たちは敵ではないよ

ガルルルル

海氷の融解によって、ホッキョクグマはアザラシを狩ることができなくなり、餌を食べることができなくなっている。タラ号の科学者達が、これ以上、彼らの邪魔をしたいはずがなかった。

今、信じられないことが起こりました！

北極の広大さに圧倒されながら、私たちは海氷の中を進んでいきます

興奮冷めやらぬメンバー達に、ジョセフィンは
コミュニケーションスキルを教えることにした。

いい？ 討論会の時に
説得力を増すためには、
相手の目か、カメラに
向かってジェスチャーを
交えながらスピーチをするの

言葉に重みを
与えられるよ

TOC!
TOC!
ノックノック！

何日か前に採取した
プランクトン。今、ドライラボで
見てみるかい？

普段は
入れないんだよ！

それは君が
幼すぎたからだよ

もう大きく
なったから
大丈夫！

見てくれ、
若者たちよ

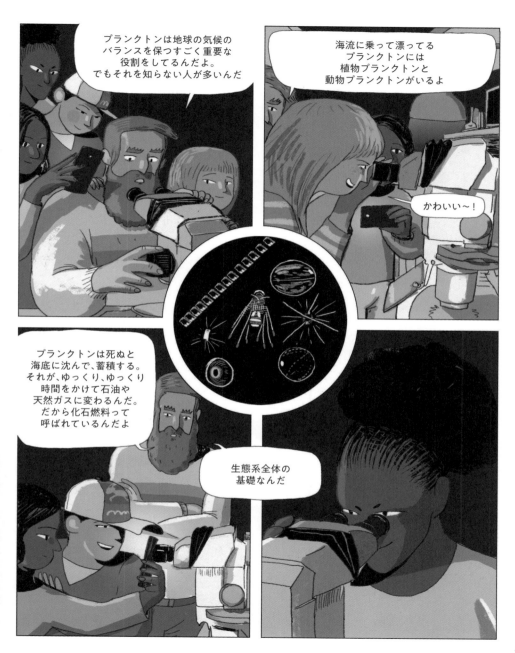

極地の生態系

植物プランクトンは動物プランクトンやその他の
海洋生物に食べられる。その動物プランクトン達は、
小魚や甲殻類に食べられ、それがまた大型魚に
食べられ……といった具合に、サメ、クジラ、
ホッキョクグマなどの大型捕食者に至るまで続く。

キョクアジサシ

タテゴトアザラシ

ホッキョクダラ

ホッキョククジラ

グリーンランドダラ

ホッキョクヒゲダラ

ウミスズメ

ニシツノメドリ

ホッキョクギツネ

ホッキョクグマ

ニシオンデンザメ

プランクトン

ブルーホワイティング

シロイトダラ

CRRRRR

ズドーーーン

地球温暖化で氷河から
巨大な氷の塊（重さは
数十億トンにもなる！）が
割れることが
多くなっている。
これが氷山となり、漂流し、
やがてとけて海面上昇の
原因となるのだ。

大きく揺れるぞ！

それからしばらくして

やっと落ち着いたみたいね…

船、かなり
ダメージを
受けたみたい…

グリーン
ランドだ!

船のダメージ
くらいで諦めない!

ヤニック、ウィル、
風の力だけで
行ける?

了解!

ここはスコレスビー湾。東グリーンランドの
イトコルトルミットに向かうよ。
タラ号は航行不能。この地域は
孤立しているから砕氷船を呼ぶしかないね

探査の終わりに
これまででも
初めてのことが
起こってしまった

イヌイットだ！

こんにちは！

こんなところで人との
出会いがあるなんて！
ようこそ

北極地方

他の地域から入植者がやってくるよりもずっと以前から、そこに住んでいた人々がいる。それが先住民である。

ロシアには 43 の先住民族がいてその半数は極北の、北極圏の中に住んでいる。
それぞれ独自の言語、習慣や信仰を持ち、中には人口 1,000 人未満のところもある！

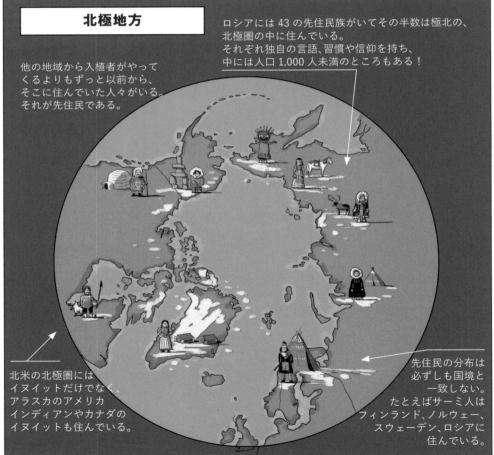

北米の北極圏には
イヌイットだけでなく、
アラスカのアメリカ
インディアンやカナダの
イヌイットも住んでいる。

先住民の分布は
必ずしも国境と
一致しない。
たとえばサーミ人は
フィンランド、ノルウェー、
スウェーデン、ロシアに
住んでいる。

翌日

私も
先住民なんだ

サーミといいます

伝統的な生活様式も
失われつつあるんですか？

はい

両親はトナカイを
飼ってますが、気候変動で
牧草地がなくなってきました。
銅山や風力発電所が私たちの土地を
食い尽くしてしまったんです。
未来は暗いよ…

だからヌカと僕は、気候正義を
求めて声をあげてるんだ

気候変動は私たちの責任ではないのに、
影響がたくさんある。この状況を
なんとかして変えたいんです！

45

この時期、北極で太陽が沈むことはない！

豪華客船がどんどん
やってくるんだ。
極地の白夜を楽しむために…

それに、氷河がなくなって
しまう前に、みんな見に
来るんだ！

でも、私たちは
世界を終わらせる
つもりはないよ！

そうだ！

我々は戦おう！

そうだ！

その後…

すごい！
君たちの影響で、ほら、こんなにたくさんの若者たちがデモ行進してるよ！

あ、ムーサが撮ったやつ！氷山※が崩れる動画が効果バツグン！

まだまだこれからだけどね！

連絡を取り合おう！

オンラインでアクションを計画しよう！このムーブメントが下火にならないように助け合おうよ！気候変動の影響は、グリーンランドだってモルディブだって、どこに住んでいてもあるって事を、世界の人に知らせよう

落ち込んだ時はお互い支え合おうね！

それが私たちの強み！同じ目的を持っていれば国境を越えられるよね！

砕氷船が到着。タラ号は再び出航できることに

お別れの時間だね

また会おうね

うん、きっと！

※氷河から分離した氷の塊から氷山が形成される。

タラ号での冒険を終えたビリー、ジョセフィン、ムーサ、バディムはようやく家に戻ることができた！
これまで以上に闘志を燃やしながら！

ジョセフィンは現在、母国の国家レベルの
会合に度々参加しているだけではなく、
国際的にも活躍している。

バディムは気候変動と闘う組織の
地方支部を立ち上げた。

ムーサは生まれ故郷の島の
気候変動デモ行進のリーダーだ。

気候正義！

社会正義！

ビリーはもう恥ずかしがり屋ではない！
今では、いろいろな学校に呼ばれ、
タラ号で学んだことをみんなに伝えている。

ビリー、ムーサ、ジョセフィン、バディムは、
北極で地球温暖化の最前線を見てきた。
氷がとけ、極地のこわれやすい生態系を人間活動が
着実に蝕んでいくのを目の当たりにしたのだ。

地球全体の未来を脅かす
この生態系の危機に直面した彼らは、
諦めることを拒絶し、変革を起こすために
団結した新しい世代の代表である！

Fin

タラ号、コミットする帆船

海のほとんどは未踏領域であるが、
この生態系を理解し保全することは
不可欠である。タラ号は、歴史に名を刻む
19世紀の偉大な探検家たちに
匹敵するような本物の探査船です。

実在する船

この船は20年にわたり、地球最大の
生態系である海洋を理解するため、
世界の海を航海してきた。その使命は、
海が人間に与える影響と、また逆に人間が
海に与える影響を誰もが理解できる
ようにすることだ。
この帆船は一番初めに、探検家ジャン＝
ルイ・エティエンヌが所有し、その後
ピーター・ブレイク卿が所有した。
2003年、フランスのアパレルブランド
「アニエスベー」の創設者である、
アニエス・トゥルブレと、息子で
アニエスベーのCOOであるエチエンヌ・
ブルゴワがこの船を購入し、
タラ号と改名した。
現在、タラ オセアン財団は、
多くの科学研究所の協力のもと、
気候変動、生物多様性、
海洋汚染に対する多くの人の
意識を高め、
新たな視点を提供している。

理解するために探査し、変革のために共有する

タラ オセアン財団は、高度な研究を通じて海洋環境の保全に貢献することを第一の使命としているが、その知識を一般の人々と共有することも最優先事項としている。

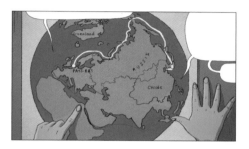

探査

気候変動が海洋に与える影響を調査するため、タラ オセアン財団は 13 の科学探査プロジェクトを実施し、世界の海を 58 万 km 以上航海した。

発見

様々なプロジェクトで採集された 12 万点以上の海洋サンプルのおかげで、科学者たちは 10 万種以上の原生生物と微細藻類を発見し、1.5 億個の遺伝子を明らかにした。

共有

寄港地では今までに 15 万人もの若者をタラ号に招待している！ フランスの学校では、タラ オセアンが提供した教育プログラムで生徒たちが授業を受け、知識を得ている。

変革

私たちの海の見方を変え、海洋を保全し、海を健康に保ち、環境に良くない習慣を改めることが目的！

海と人類のつながり

**海を研究し保全することは、地球を
大切にすることにつながる。
それはなぜかって？**

海は地球最大の水資源
世界の水の 97％ を占めている。

海は地球の健康を保つ
海水 1 リットルあたり 100 億から 1000 億
の微生物が生息する。微生物は、原生生物、
植物プランクトン、バクテリア、ウイルスの
4 つのグループに分けられる、これが海洋
マイクロバイオームである。人間のマイク
ロバイオームが私たちの健康に貢献してい
るように、海洋マイクロバイオームも地球
の健康に貢献しているのだ。

海は生命の源
海洋マイクロバイオームは、食物連鎖の最
初の「鎖」であるため、世界の食糧供給に不
可欠である。

海は調整装置
海洋マイクロバイオームは光合成の際に、
地球上の全ての植物と同量の CO_2 を隔離
し、同時に私たちが呼吸する酸素を生産す
る。海底の堆積物に蓄積された物質は、他の
システムに活用されている。

海は地球の温度調節器
海は世界の気候において重要な役割を果た
している。大量の熱を蓄え、海流を使って再
分配する。

海は未来の人類のための資源
海洋生態系は常に進化している。そこには
間違いなく、私たちが将来多くの新しいイ
ノベーションを生み出すことを可能にする
分子があふれている！

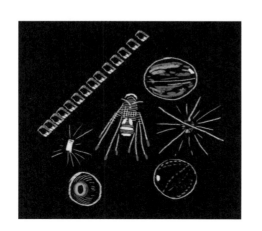

タラ オセアン財団の主な5つのミッション

タラ号北極プロジェクト (2006-2008)
507 日間、流氷の中を漂流したタラ号は、北極における気候変動の影響を調査するため、極限状態での任務を遂行した。この物語は、当プロジェクトにインスパイアされている！

タラ号海洋プロジェクト (2009-2013)
タラ号はその後、海洋プランクトンを調査するため、4 年半にわたって世界の海を航海した。この探査は、地球上の生命の起源である目に見えないミクロの生物世界の驚くべき生物多様性を明らかにした！

タラ号ミッション・マイクロプラスチック (2014 & 2019)
地中海のプラスチック汚染と海洋生物多様性との相互作用を調査した。

タラ号太平洋プロジェクト (2016-2018)
2 年半の間、タラ号は太平洋を航海し、40 のサンゴ礁を調査。このユニークな生態系に対する気候変動の影響を調査した。

タラ号ミッション・マイクロバイオーム (2020-2022)
2 年弱、南米大陸沿岸や南極圏など 70,000km を航海し、見えない海の住人である海洋マイクロバイオームにおける、気候変動の影響を調査した。

日本語翻訳刊行に寄せて

　本書『北極で、なにがおきてるの？――気候変動をめぐるタラ号の科学探検』は、2021年5月にフランスで出版されたLe Réchauffement Climatique: Mission Tara En Arctiqueというバンド・デシネ（フランス語圏で子どもから大人までが楽しむ漫画本）の日本語翻訳です。原作は、実在する科学探査船タラ号の北極プロジェクト（2006～2008年）をヒントに、MILAN社の冒険シリーズの一冊として刊行されました。

　物語の主人公は、タラ号の北極圏での探査プロジェクトに参加すべく世界中から集まった、4人の子どもたちです。彼らはタラ号の科学者やクルーから地球温暖化の影響や北極圏をめぐる様々な問題について学び、また地球温暖化の影響を顕著に受けた北極海を目の当たりにすることで、自ら考え行動を起こし、成長していきます。

科学探査船タラ号

　2003年、フランスのアパレルブランド「アニエスベー」の創設者でデザイナーであるアニエス・トゥルブレが息子のエチエンヌ・ブルゴワと共に科学探査船を購入し、タラ号が誕生しました。

　タラ号はこれまでに13の大規模な探査プロジェクトを遂行し、海洋をよりよく理解し、その重要性を広く伝え、変革を起こすために努力しています。2016年にはその公益性が認められ、フランスで初めて海洋に特化した公益財団法人として認定されました。

　このバンド・デシネの日本語版刊行は2023年の秋に決定されましたが、それはタラ号のプロジェクトが始まってちょうど20年の節目の時でした。地球温暖化の最前線であり、タラ号プロジェクトの原点である北極に立ち返り、世界中で活躍するタラ号の物語を日本の皆様に広くお届けできることは心からの喜びです。

タラ オセアン／タラ オセアン ジャパンについて

　本書はフランスの公益財団法人タラ オセアン財団の協力と専門知

識の提供によって完成されました。日本語版訳者 2 人が所属するタラ オセアン ジャパンはその日本支部で、非営利の一般社団法人です。

　タラ オセアン ジャパンは、2016 年の創設以来、絶滅の脅威にさらされているサンゴ礁の調査と啓発活動をしたタラ号太平洋プロジェクト（2016 〜 2018 年）や、日本の全国の沿岸海域を対象とした日本発の Tara JAMBIO マイクロプラスチック共同調査（2020 〜 2023 年）などを通じて、海洋科学の知見の蓄積と啓発活動に力を注いでいます。

　また、2024 年からは Tara JAMBIO ブルーカーボンプロジェクトを立ち上げ、地球温暖化対策に向けた「ブルーカーボン」の研究や「ブルーカーボン生態系」の重要性を伝える啓発活動を全国で展開します。

　タラ オセアン ジャパンが行う啓発活動では、プランクトンやサンゴ、海藻などの海洋生態系の重要性、マイクロプラスチックの問題、地球温暖化に伴う気候変動、海洋の危機などを伝えています。タラ号クイズや、浜辺などでの活動を交え、楽しみながら海の重要性や、その危機を学べるよう心掛け、啓発イベントに参加したことをきっかけに、海洋や地球環境を守るために少しでも行動をしてくれる仲間が増えることを目指しています。

　一方、これらの体験に参加できる人数が限られていることも事実です。本書が遠い北極で起こっていることを可視化し、一人でも多くの読者の皆様が、気候変動の問題を他人事ではなく自分事としてとらえ、気候変動への対策を考えるきっかけとなることを望んでいます。

毎日の小さな選択から

　本書において、タラ号での冒険中、子どもたちはスマートフォンを使って北極圏で起きていることを世界に発信します。さらにその反響に勇気を得て、冒険の後も国際会議で発言し、気候変動デモ行進のリーダーとなるなど、それぞれが大活躍を果たします。

　このように、冒険を通じて大きく成長した子どもたちでしたが、

彼らにとっての「最初の一歩」は、とても小さな行動だったはずです。例えば、毎日の小さな選択で地球環境に負荷の少ないものを選ぶことや、小売店やメーカーにメールを送り小さな声を上げていくことは、誰にでもできます。この仕事をしていく中でお会いした方々に教えていただいた貴重な言葉がいくつかあります。一つは、「大切なことは、CHOICE（日々の選択）と VOICE（声を上げること）」という言葉。また、「人は微力だが無力ではない」という言葉も好きです。一人一人の力は小さくても、「微力」が集まれば大きな力を得られると思います。

　ただ、いつでも前向きに取り組むのは、時に難しいことです。皆さんは、「気候変動うつ」という言葉をご存知でしょうか。地球温暖化や気候変動を変えることは難しいと感じ、無力感や焦燥感を抱く状態を指します。本書の中でも、大きなため息をつく子どもたちを、科学者のノラが慰める場面があります。ぜひ、その後の展開から、仲間同士支え合いながら行動を続けていく大切さを、子どもたちと一緒に実感してください。地球温暖化対策を始めるのに遅すぎることはありません。大人でも、子どもでも、年齢に関係なく、一人一人の小さな力が結集すれば、大きな力になることが伝われば幸いです。

最後に

　本書を通じて、地球温暖化対策のために小さな一歩を踏み出す仲間が増えますように。そして、本物のタラ号に乗船する未来の科学者やアーティスト、クルーが生まれますように。

　最後に、お忙しい中翻訳チェックを引き受けて下さった国立極地研究所の副所長、榎本浩之先生と、毛利亮子様に心より御礼申し上げます。

　また、本書の可能性を信じて辛抱強く伴走してくださった花伝社・大澤茉実さんに心から感謝を申し上げます。

パトゥイエ由美子

［作］

ルーシー・ルモワン（Lucie Le Moine）
1990 年代、本、バンド・デシネ、ビデオゲーム、森に囲まれて育つ。社会を席巻するアクティビズムに関心をもち創作活動を行うフェミニスト。著作に、*Les Aventureurs*（éditions Milan）。2020 年、短編小説コンテスト Émergences! で優勝。

［絵］

シルバン・ドランジュ（Sylvain Dorange）
1977 年生まれ。ストラスブールの装飾美術学校を卒業。主な作品に、友人のジャック・マティスの自伝を自由に脚色した *Psychotique*（La Boîte à bulles）、ナチス戦犯追及者の戦いを辿ったパスカル・ブレッソン原作の *Serge et Béate Klarsfeld, un combat contre l'oubl* など。

［訳］

パトゥイエ由美子（パトゥイエ・ゆみこ）
一般社団法人タラ オセアン ジャパン事務局長。
大学 3 年時にフランスへ留学。帰国後はフランス企業の日本支社数社で勤務。フランス大手化粧品会社の日本支社で約 17 年管理部門管理職、フランス中小企業の日本子会社代表を 1 年務めた後、社会課題、特に、地球温暖化問題の改善に少しでも貢献出来る仕事を志し、2019 年 3 月より現職。

小澤友紀（おざわ・ゆき）
一般社団法人タラ オセアン ジャパン広報。
幼少期から自然の中でアクティブに過ごす機会もあり、いつしか環境問題に関心を抱く。アニエスベージャパン入社後はマーケティング部などで勤務する一方で、社内サステナビリティプロジェクトで包装資材の脱プラスチックに向けて取り組む。2022 年 11 月より現職。海の大切さをみなさまにわかりやすくお届けしている。

agnès b.

本作は、アニエスベージャパン株式会社の支援により刊行したものです。

謝辞

タラ オセアン ジャパンの活動は、タラ オセアンの「探査」と「共有」のミッションにご賛同をいただいている、すべてのパートナー企業、クラウドファンディングなどを通してご支援いただいた皆様、ボランティアで活動に従事してくださる理事やその他の皆様、「探査」に参加してくださる科学者、「共有」のためにご尽力くださるジャーナリストやアーティスト、行政、教育機関の皆様など、多くの方々に支えられています。今までお世話になった皆様に、この場をお借りして心からの感謝をお伝えいたします。

この本の売上の４％は、一般社団法人タラ オセアン ジャパンに寄付され、海洋をよりよく理解するために「探査」し、その結果を変革のために「共有」する活動に使われます。活動の詳細は左記 QR コードから。

北極で、なにがおきてるの？──気候変動をめぐるタラ号の科学探検

2024 年 4 月 22 日　初版第 1 刷発行

著者 ───────── ルーシー・ルモワン／シルバン・ドランジュ
訳者 ───────── パトゥイエ由美子／小澤友紀
発行者 ─────── 平田　勝
発行 ─────── 花伝社
発売 ─────── 共栄書房
〒 101-0065　東京都千代田区西神田 2-5-11 出版輸送ビル 2F
電話　　　　　　　03-3263-3813
FAX　　　　　　　03-3239-8272
E-mail　　　　　　info@kadensha.net
URL　　　　　　　https://www.kadensha.net
振替　　　　　　　00140-6-59661
装丁 ───────── 北田雄一郎
印刷・製本 ───── 中央精版印刷株式会社

ナタンと呼んで
――少女の身体で生まれた少年

原作：カトリーヌ・カストロ／絵：カンタン・ズティオン／訳：原正人

定価：1980円

●リラ・モリナ14歳。 サッカーが好き、ヒラヒラの服は嫌い。でもその日、生理がきた――。

フランスで話題沸騰！

身体への戸惑い、自分を愛せない苦しみ、リストカット、恋人・友人関係、家族の葛藤……。
実話をもとにフランスのトランスジェンダー高校生を描く希望のバンド・デシネ

2枚のコイン
──アフリカで暮らした3か月

作：ヌリア・タマリット ／訳：吉田恵

定価：1980円

●"泥棒"はいつも、「金」目当て──大国による搾取が蝕む、美しい世界

SDGsを考えるヒントが詰まった、スペイン発グラフィックノベル

17歳、片時もスマホを手放せない"今どきの若者"マル。ボランティア支援リーダーの母親に連れられて、スペインからセネガル北部、ウォロフ族の村にやってくる。そこは、マルの知らない自由で彩られていた。

「みんなで所有すれば、貧しさで死ぬ人なんかいない」
本当の豊かさとは、支援とは。